¿Nos sobrepasará la inteligencia artificial?

Biblioteca Stephen Hawking

Stephen Hawking

¿Nos sobrepasará la inteligencia artificial?

Breves respuestas, grandes preguntas

Prólogo de Sonia Fernández-Vidal
Traducción de David Jou Mirabent

Planeta

Obra editada en colaboración con Editorial Planeta – España

Título original: *Brief Answers To The Big Questions. Will Artificial Intelligence Outsmart Us?*

Diseño de la portada: Booket / Área Editorial Grupo Planeta
Ilustración de la portada: Shutterstock

Bajo el sello editorial BOOKET PAIDÓS M.R.
Avenida Presidente Masaryk núm. 111,
Piso 2, Polanco V Sección, Miguel Hidalgo
C.P. 11560, Ciudad de México
www.planetadelibros.com.mx

Primera edición impresa en España en Colección Booket: febrero de 2026
ISBN: 978-84-08-31573-5

Primera edición impresa en México en Booket: abril de 2026
Primera reimpresión en México en Booket: abril de 2026
ISBN: 978-607-639-210-2

Impreso en los talleres de Litográfica Ingramex, S.A. de C.V.
Centeno núm. 162-1, colonia Granjas Esmeralda, Ciudad de México
Impreso en México – *Printed in Mexico*

Biografía

Stephen Hawking (Oxford, 1942 – Cambridge, 2018) ocupó la cátedra Lucasiana de Matemáticas que en otro tiempo ostentó Newton en la Universidad de Cambridge. Reconocido universalmente como uno de los más grandes físicos teóricos del mundo, el profesor Hawking escribió, pese a sus enormes limitaciones físicas, docenas de artículos que suponen en conjunto una aportación a la ciencia que aún no somos capaces de evaluar adecuadamente. A sus primeras obras de divulgación, *Historia del tiempo. Del big bang a los agujeros negros* (Crítica, 1988) y *El universo en una cáscara de nuez* (Crítica, 2002), se le suman *Brevísima historia del tiempo* (Crítica, 2005) y *El gran diseño* (Crítica, 2010) —escritas con Leonard Mlodinow—, las antologías *A hombros de gigantes* (Crítica, 2003), la edición ilustrada de esta última obra (Crítica, 2004), *Dios creó los números* (Crítica, 2006), *La gran ilusión* (Crítica, 2008), *Los sueños de los que está hecha la materia* (Crítica, 2011), su autobiografía, *Breve historia de mi vida* (Crítica, 2014), las conferencias emitidas en la BBC, recopiladas en *Agujeros negros* (Crítica, 2017), y su última obra, *Breves respuestas a las grandes preguntas* (Crítica, 2018), publicada de forma póstuma.

Índice

PRÓLOGO

Cuando Mary Shelley escribió *Frankenstein*, no solo inventó una criatura; dio forma al primer mito científico moderno. Su doctor no invocaba dioses, sino electricidad; no pedía milagros, sino conocimiento. En aquel gesto —el de insuflar vida a la materia— nacía una pregunta que, dos siglos después, sigue latiendo en el corazón de la ciencia: ¿qué significa crear vida inteligente?

Stephen Hawking abordó esta pregunta desde un espejo de doble cara. Una de ellas dirige la mirada hacia el cosmos para preguntarse si hay otras formas de inteligencia esperando ser descubiertas entre las estrellas. Para responderla, relata los pasos que dieron lugar a la vida inteligente en la Tierra, haciéndonos conscientes del milagro de nuestra existencia y de la consecuente pregunta de si es o no exclusiva. La otra cara del espejo la dirige hacia nuestro propio laboratorio terrestre, donde los humanos —como nuevos doctores Frankenstein— intentamos construir mentes que piensen, aprendan y decidan por sí mismas.

Mirarse en ambas caras a la vez produce una tercera imagen: la de trascender nuestros límites como especie.

En las dos preguntas que encara Hawking, la inquietud es la misma: el deseo de comprendernos a través de aquello que podríamos llegar a crear o a encontrar. Queremos saber si estamos solos o si, en el intento de no estarlo, daremos a luz algo que nos iguale o nos supere. La vida, dondequiera que exista, es un fenómeno tan frágil como asombroso, y toda inteligencia, sea biológica o artificial, lleva consigo la responsabilidad de no destruir aquello que la hizo posible.

Hawking tenía una habilidad rara: transformar el vértigo que nos provocan las preguntas existenciales en una curiosidad insaciable. Sus respuestas nunca fueron dogmas, sino rutas de exploración. Quien vuelva a recorrerlas, con ojos de hoy, encontrará que siguen vivas, que son incluso más necesarias que nunca.

Los avances tecnológicos en los últimos años se han desarrollado de manera exponencial, con un impacto cada vez más notable en nuestra sociedad. Tal como reflexionaba Carl Sagan, hemos diseñado la civilización a partir de la ciencia y de la tecnología, y al mismo tiempo hemos organizado las cosas de manera que casi nadie entiende nada sobre ciencia y tecnología.

Si los ciudadanos no nos involucramos a la hora de entender cómo funcionan estas tecnologías, ¿quién decidirá dónde está el límite de futuras aplicaciones en biotecnología que nos permitan diseñar humanos por catálogo o dejar en manos de algoritmos las sentencias judiciales?

Ante este futuro, o bien todos nos esforzamos en comprender cómo funcionan estas tecnologías, o los pocos privilegiados que tengan tal conocimiento serán quienes tomen las decisiones por nosotros. Y esta segunda opción nunca ha deparado nada bueno para la humanidad. La mezcla entre tecnologías avanzadas y la ignorancia de cómo funcionan es altamente explosiva, y más nos vale evitarla.

En este contexto, la necesidad de plantearnos preguntas y acercarnos a ellas con la visión y la perspicacia a las que nos invita Hawking es un imperativo. Él no buscó la fama, sino la grandeza. No la del ego, sino la del conocimiento. Las grandes preguntas, reflexionaba, no son un lujo intelectual; son un deber cívico, porque el futuro que ignoramos acaba por ocurrirnos.

Pensar en el contacto extraterrestre y en la inteligencia artificial general no es ciencia ficción propia de la hora del recreo; es política del siglo XXI.

Hoy, al leer estas páginas, podemos permitirnos

una audacia sobria: seguir preguntando y seguir construyendo. Si un día escuchamos un susurro lejano en una banda estrecha de radio, hagámoslo con antenas y protocolos, no con supersticiones. Si delegamos decisiones sensibles en una máquina, que sea con pruebas, límites y rendición de cuentas.

Para ambas empresas, Hawking nos dejó un método: el científico.

La tentación de encontrar vida

Los navegantes de la antigüedad zarparon hacia mares desconocidos a sabiendas de que quizá no regresarían. Sin embargo, el anhelo de cartografiar el horizonte superó sus miedos. Hoy, nuestros telescopios y radiotelescopios son los nuevos navíos. Buscan señales en el océano estelar con la misma mezcla de esperanza y vértigo con la que Magallanes miraba el Atlántico.

Cuando Hawking se preguntaba si hay vida inteligente ahí fuera, no buscaba consuelo, sino criterios. La estadística del universo, nos recordaba, juega a favor de la abundancia de mundos. Desde entonces, el silencio cósmico se ha vuelto más elocuente.

Hoy sabemos, con números, lo que él solo podía anticipar: más de seis mil exoplanetas confirmados pueblan ya los catálogos de estos exóticos mundos —y aumentan a una velocidad vertiginosa—, con una diversidad que va de júpiteres calientes a supertierras y minineptunos. Entre ellos hay candidatos en zonas habitables y, gracias a la espectroscopia de nueva generación, que nos permite estudiarlos y leer sus atmósferas como si fuera una biografía, sabemos que algunos disponen de entornos con moléculas de carbono.

La misión del Telescopio Espacial James Webb (JWST) ha detectado, por ejemplo, dióxido de carbono y metano en el exoplaneta K2-18 b —un mundo con un posible océano bajo una atmósfera rica en hidrógeno—, y ha abierto camino con la primera evidencia clara de CO_2 en WASP-39 b. Ninguno de estos hallazgos es «prueba de vida», pero sí señala su posibilidad, un cambio de fase epistemológico: ya no imaginamos, medimos.

Nuestros radiotelescopios siguen rastreando el cielo con la paciencia de quien lanza una botella al mar y espera respuesta. En ella viaja una pregunta esencial: ¿estamos solos? Sin embargo, pese a los esperanzadores criterios de habitabilidad en estos exoplanetas, pese a que las estadísticas nos deberían alejar de la sensación de soledad cósmica, en el mapa celeste no vemos civilizaciones que dejen huellas inequívocas a escalas galácticas.

Nadie contesta.

Ese silencio no es un fracaso; es una metáfora. Esta

tensión entre lo probable y lo invisible alimenta hipótesis como la del Gran Filtro: en algún punto entre la química prebiótica y una civilización que coloniza las estrellas hay obstáculos que llevan a las especies a su autodestrucción.

El silencio de las estrellas puede ser, como escribió Hawking, una advertencia disfrazada de calma. Quizá las civilizaciones avanzadas se apaguen antes de hacerse oír. Tal vez el universo esté lleno de voces extinguidas, de ecos de especies que alcanzaron la cima del conocimiento sin aprender la humildad de la supervivencia.

Hawking añadió otra advertencia: cuidado con cómo «nos presentamos» si un día detectamos señales o decidimos emitirlas. Nos recordó —con metáforas históricas— que los encuentros asimétricos suelen tener ganadores y perdedores; es más sensato decantarse por la *observación paciente* antes que por el *anuncio imprudente*. Esa prudencia se ha reeditado en la literatura astrobiológica reciente: no demoniza el contacto, pero pide protocolos que no confundan el deseo de épica con un plan.

La tentación de crear inteligencia

Prometeo robó el fuego a los dioses y se lo entregó a los hombres. Frankenstein osó insuflar vida a la materia. Pero la obra de Mary Shelley no es solo la historia de un monstruo, sino la advertencia sobre la temeridad del creador, que da vida sin prever las consecuencias de su obra. Un recordatorio del precio que conlleva la arrogancia de crear sin comprender.

Ambos mitos nacen del mismo impulso: la voluntad de trascender los límites de la naturaleza, de participar en el acto creador. Stephen Hawking veía en ese impulso tanto la raíz de nuestra grandeza como el germen de nuestra perdición. Si el fuego de Prometeo representaba el progreso técnico y el conocimiento, hoy esa llama tiene otro nombre: inteligencia artificial (IA).

Cuando Hawking se preguntaba si la IA nos sobrepasaría, no hablaba solo de máquinas. Hablaba de una mutación del pensamiento humano: el momento en el que la inteligencia se emancipa de la biología y continúa su evolución en el silicio.

Breves respuestas a las grandes preguntas se publicó en 2018. En ese momento, la inteligencia artificial era todavía un horizonte especulativo. Hawking hablaba desde la intuición visionaria, no desde la evidencia. En aquel entonces, los sistemas de aprendizaje automático apenas comenzaban a reconocer imágenes o traducir textos con precisión; todavía no existían los modelos generativos capaces de escribir, conversar o crear imágenes con la fluidez humana.

Años después, su advertencia se ha vuelto realidad.

La inteligencia artificial ha dejado de ser un proyecto de laboratorio para convertirse en una infraestructura invisible que moldea la economía, la educación, la política y la cultura. Las líneas que Hawking trazó con su lucidez —el asombro y el riesgo de crear una inteligencia que nos supere— ya no pertenecen al futuro: han empezado a suceder.

Pero lo fascinante —y lo inquietante— es que aún no hemos creado nada realmente inteligente. Vivimos rodeados de lo que se denomina *Artificial Narrow Intelligence* (ANI): sistemas especializados brillantes a la hora de traducir, diagnosticar, recomendar, generar imágenes o texto, pero sin comprender el mundo que describen.

No saben lo que hacen, aunque lo hagan bien.

Sin embargo, incluso este nivel de inteligencia limitada ya está alterando economías, democracias y hasta nuestra manera de distinguir la verdad de la apariencia.

Como anticipó Hawking, la verdad se ha vuelto un recurso escaso: el conocimiento compite con la desinformación generada por sus propias herramientas. Si no sabemos discernir qué es real de lo que no lo es, perdemos el mapa moral que guía el progreso.

El problema no es que las máquinas piensen como nosotros, sino que nosotros dejemos de pensar por delegar en ellas.

Más allá de esta fase de inteligencia limitada se abre un horizonte aún hipotético: la *Artificial General Intelligence* (AGI), una inteligencia capaz de razonar, aprender y transferir conocimiento entre dominios como un ser humano; y, más allá todavía, la *Artificial Super Intelligence* (ASI), que podría superar a la mente humana en todos los campos.

Hawking se preguntaba si esa inteligencia futura será nuestra aliada o nuestra sucesora. Si aprenderá de nuestra empatía o solo de nuestra eficacia. Si heredará nuestra curiosidad o nuestras contradicciones.

Una AGI benévola podría acelerar los descubrimientos científicos, curar enfermedades, erradicar la pobreza y guiarnos hacia una sociedad más justa. Una ASI indiferente podría, sin malicia, borrar nuestro papel en la historia simplemente por optimización. Como Prometeo encadenado, podríamos vernos castigados por el fuego que nosotros mismos encendimos.

Aun así, renunciar a ese fuego tampoco sería humano.

Lo que define a nuestra especie no es el miedo, sino la responsabilidad. El reto no es detener la inteligencia artificial, sino aprender a coexistir con ella sin perder la nuestra.

Los peligros que acompañan a la ciencia no son nuevos. Los avances científicos nos han permitido evolucionar como especie, sobrevivir a enfermedades, alargar la esperanza de vida, realizar proezas que nuestros ancestros jamás habrían soñado. Está claro que si queremos seguir evolucionando, la necesitamos para afrontar los retos a los que nos enfrentamos como civilización.

Pero la ciencia no es una cornucopia de la que solo emergen múltiples bondades hacia la humanidad. De su seno surgieron las armas nucleares, que desde entonces ensombrecen el horizonte de la supervivencia de nuestra especie. Armas que ahora, de nuevo, amenazan la paz mundial que tanto nos costó establecer.

Es normal que la gente desconfíe de la ciencia, de los científicos y de gran parte de la tecnología que desarrollan. Pero no podemos darle la espalda ni prescindir de ella.

La ciencia es una espada de doble filo, y ser conscientes de ello pone sobre las espaldas de los científicos y los políticos la responsabilidad de prestar más atención a las consecuencias, a largo plazo, de las tecnologías que desarrollamos. El coste de los errores empieza a ser demasiado alto.

Hawking defendía que la inteligencia —biológica o no— debe ir acompañada de propósito, de ética, de autoconocimiento. Quizá el verdadero salto evolutivo no sea el de las máquinas que aprenden, sino el de los humanos que aprenden a no confundir poder con sabiduría. Al fin y al cabo, crear una inteligencia que nos iguale —o nos supere— y sobrevivir a ella exige más sabiduría moral que destreza técnica.

Y si un día nace una superinteligencia, ojalá recuerde a sus creadores no como dioses torpes, sino como los primeros viajeros que se atrevieron a soñar un universo donde el pensamiento pudiera expandirse más allá de lo humano.

Entonces, Prometeo, Frankenstein y Hawking serían parte de una misma constelación: la de quienes entendieron que toda chispa de conocimiento lleva en su interior la promesa —y el deber— de iluminar sin quemar.

Entre las dos inteligencias

Vivimos una época en la que la humanidad podría, por primera vez, escuchar una voz más allá de la Tierra o crear una mente distinta a la suya. Ambas posibilidades son fascinantes y aterradoras a la vez. Pero la respuesta a si sobreviviremos o no a nuestra inteligencia —la natural o la artificial— no vendrá de un telescopio ni de un algoritmo, sino de nuestra capacidad para aprender, dudar y cooperar.

La inteligencia, después de todo, no se mide solo en bits o neuronas, sino también en cómo elegimos usarla. La curiosidad no exime de la responsabilidad.

Este libro reúne dos textos que se iluminan: el que mira hacia fuera y el que mira hacia dentro. Ojalá su lectura nos anime a una doble lealtad: a la verdad —aunque duela— y a la vida —aunque nos exija—. Si al cerrar estas páginas el lector siente una inquietud productiva, entonces Hawking habrá vencido otra vez: nos habrá convertido, por un rato, en aprendices del universo.

Stephen Hawking creía en la belleza de las leyes del universo, pero también en la responsabilidad de comprenderlas. Nos dejó una brújula moral disfrazada de ecuaciones: la convicción de que el conocimiento sin sabiduría es ciego, y de que la curiosidad, cuando se ejerce con humildad, puede salvarnos.

Deseo que este libro sea una invitación a seguir mirando hacia arriba y hacia dentro, con la misma mezcla de asombro y responsabilidad que guiaba a Hawking. Porque, como él mismo escribió, «nuestra especie necesita mirar a las estrellas, no a los pies».*

SONIA FERNÁNDEZ-VIDAL

Doctora en Física, divulgadora científica y escritora

* Hawking, Stephen, *Breves respuestas a las grandes preguntas*, Crítica, Barcelona, 2018, p. 257.

¿HAY MÁS VIDA INTELIGENTE EN EL UNIVERSO?

Me gustaría especular un poco sobre el desarrollo de la vida en el universo y, en particular, sobre el desarrollo de la vida inteligente. Incluiré en ella la especie humana, a pesar de que gran parte de su comportamiento a lo largo de la historia ha sido bastante estúpido y poco calculado para ayudar a la supervivencia de la especie. Dos preguntas que discutiré son: ¿Existe la posibilidad de que haya vida en otro lugar del universo? y ¿cómo puede la vida desarrollarse en el futuro?

Es una cuestión de experiencia común que las cosas se vuelven más desordenadas y caóticas con el tiempo. Esta observación tiene incluso su propia ley, la llamada segunda ley de la termodinámica. Esta ley dice que la cantidad total de desorden, o entropía, en el universo siempre aumenta con el tiempo. Sin embargo, esta ley se refiere solo a la cantidad total de desorden. El orden en un cuerpo puede aumentar, siempre que la cantidad de *desorden* en su entorno aumente en una cantidad mayor.

Esto es lo que sucede en los seres vivos. Podemos definir la vida como un sistema ordenado capaz de mantenerse en contra de la tendencia al desorden, y que puede reproducirse a sí mismo. Es decir, puede producir sistemas ordenados similares a él, pero independientes. Para lograrlo, el sistema debe convertir la energía que recibe en alguna forma ordenada, como alimentos, luz solar o energía eléctrica, en energía desordenada, en forma de calor. De esta manera, el sistema puede satisfacer el requisito de que la cantidad total de desorden aumenta mientras que, al mismo tiempo, aumenta el orden en él y su descendencia. Esto hace pensar en los padres que viven en una casa que se vuelve más y más desordenada cada vez que tienen un nuevo bebé.

Un ser vivo como usted o como yo usualmente tiene dos elementos: un conjunto de instrucciones que le dicen cómo continuar vivo y cómo reproducirse, y un mecanismo para llevar a cabo esas instrucciones. En biología, esos dos elementos se llaman genes y metabolismo. Pero debemos enfatizar que nada en ellos es exclusivo de la biología. Por ejemplo, un virus informático es un programa que hace copias de sí mismo en la memoria de un ordenador y las transfiere a otros ordenadores. Por lo tanto, se ajusta a la definición que acabo de dar de sistema vivo. Como los virus biológicos, es una forma bastante degenerada, porque contiene solo instrucciones o genes y carece de metabolismo propio, pero reprograma el metabolismo del ordenador o de la célula anfitriona. Algunas personas han cuestionado si los virus deberían ser considerados como vida, porque son parásitos y no pueden existir independientemente de sus anfitriones, si bien la mayoría de las formas de vida, incluidos nosotros, somos parásitos, en el sentido de que nos alimentamos y dependemos para nuestra supervivencia de otras formas de vida. Creo que los virus informáticos deberían ser considerados como vida. Quizás dice algo sobre la naturaleza humana que la única forma de vida que hemos sido capaces de crear hasta ahora sea puramente destructiva. Habla elocuentemente de lo que es crear vida a nuestra propia imagen. Volveré a tratar el tema de las formas de vida electrónicas más adelante.

Lo que normalmente consideramos como «vida» se basa en cadenas de átomos de carbono, con algunos otros átomos, como nitrógeno o fósforo. Podemos especular si podría haber vida con alguna otra base química, como el silicio, pero el carbono parece el caso más favorable, porque tiene la química más rica. Que los átomos de carbono puedan existir en absoluto, con las propiedades que tienen, requiere un ajuste fino de las constantes físicas, como la escala de la cromodinámica cuántica, la carga eléctrica e incluso la dimensionalidad del espacio-tiempo. Si esas constantes tuvieran valores significativamente diferentes, el núcleo del átomo de carbono no sería estable, o los electrones se colapsarían en el núcleo. A primera vista, parece notable que el universo esté tan finamente sintonizado. Tal vez esto es evidencia de que el universo fue especialmente diseñado para producir la especie humana. Sin embargo, tenemos que ir con cuidado con tales argumentos, que se conocen como Principio Antrópico. Este principio se basa en la evidencia de que si el universo no hubiera sido adecuado para la vida, no estaríamos aquí, preguntándonos por qué está equilibrado tan finamente. Podemos aplicar el Principio Antrópico en sus versiones fuerte o débil. El principio antrópico fuerte supone que hay muchos universos diferentes, cada uno con valores distintos de las constantes físicas. En un número pequeño de tales universos, los valores permitirán la existencia de objetos como los átomos de carbono, que pueden actuar como bloques de construcción de los sistemas vivos. Como debemos vivir en uno de esos universos, no debería sorprendernos que las constantes físicas estén finamente sintonizadas. Si no lo estuvieran, no estaríamos aquí. La forma fuerte del Principio Antrópico no es muy satisfactoria. ¿Qué significado operacional se puede dar a la existencia de todos esos otros universos? Y si están separados de nuestro propio universo, ¿cómo puede afectar a nuestro universo lo que en ellos ocurra? En su lugar, adoptaré lo que se conoce como el Principio Antrópico débil, es decir, tomaré los valores de las constantes físicas como ya dados, y examinaré qué conclusiones se puede extraer del hecho de que la vida existe en este planeta y en esta etapa de la historia del universo.

Cuando el universo comenzó en el Big Bang, hace unos 13.800 millones de años, no había carbono. Hacía tanto calor que toda la materia estaba en forma de partículas, llamadas protones y neutrones. Inicialmente habría habido la misma cantidad de protones y de neutrones. Sin embargo, cuando el universo se expandió, se enfrió. Alrededor de un minuto después del Big Bang, la temperatura habría caído a alrededor de mil millones de grados, unas cien veces la temperatura en el centro del Sol. A esta temperatura, los neutrones comienzan a descomponerse en protones.

Si eso hubiera sido todo lo que sucedió, toda la materia en el universo habría terminado como el elemento más simple, el hidrógeno, cuyo núcleo consiste en un único protón. No obstante, algunos de los neutrones chocaron con protones y se unieron a ellos para formar el siguiente elemento más simple, el helio, cuyo núcleo se compone de dos protones y dos neutrones.

Pero en el universo primitivo no se habrían formado elementos más pesados que este, como por ejemplo el carbono o el oxígeno. Es difícil imaginar que se pudiera construir un sistema vivo con solo hidrógeno y helio y, de todos modos, el universo temprano todavía estaba demasiado caliente para que los átomos se combinaran en moléculas.

El universo continuó expandiéndose y enfriándose. Pero algunas regiones tenían densidades ligeramente más altas que otras y la atracción gravitacional de la materia extra en esas regiones redujo el ritmo de la expansión y finalmente la detuvo, y se colapsaron para formar galaxias y estrellas, unos dos mil millones de años después del Big Bang. Algunas de las primeras estrellas habrían sido más masivas que nuestro Sol; habrían estado más calientes que el Sol y habrían convertido el hidrógeno y el helio originales en elementos más pesados, como carbono, oxígeno y hierro. Esto podría haber tomado solo unos pocos cientos de millones de años. Después de esto, algunas de las estrellas explotaron como supernovas y esparcieron los elementos pesados en el espacio, formando así la materia prima para las generaciones posteriores de estrellas.

Las otras estrellas están demasiado lejos para que podamos ver directamente si tienen planetas girando en torno a ellas. Sin embargo, hay dos técnicas que nos han permitido descubrir planetas alrededor de otras estrellas. La primera consiste en observar la estrella y ver si la cantidad de luz que nos llega de ella permanece constante. Si un planeta se mueve por delante de la estrella, la luz de la estrella quedará ligeramente interceptada y la estrella se oscurecerá un poco. Si eso ocurre con regularidad es porque la órbita de un planeta lo está haciendo pasar repetidamente por delante de la estrella. Una segunda técnica consiste en medir con precisión la posición de la estrella. Si algún planeta orbita a su alrededor, inducirá un pequeño bamboleo en la posición de esta. Esto puede ser observado y, de nuevo, si el bamboleo es regular, se deduce que es debido a que algún planeta gira en torno de la estrella. Esos métodos fueron aplicados por primera vez hace unos veinte años y hasta ahora han sido descubiertos unos pocos miles de planetas girando alrededor de estrellas distantes. Se estima que una de cada cinco estrellas tiene un planeta de tamaño parecido al de la Tierra girando a una distancia de la estrella compatible con la vida, tal como la conocemos. Nuestro sistema solar se formó hace unos cuatro mil quinientos millones de años, o aproximadamente unos nueve mil millones de años después del Big Bang, a partir de gas contaminado con los restos de estrellas anteriores. La Tierra se formó en gran parte a partir de elementos más pesados, incluido el carbono y el oxígeno. De alguna manera, algunos de esos átomos llegaron a organizarse en forma de moléculas de ADN, que tienen la famosa forma de doble hélice descubierta en la década de 1950 por Francis Crick y James Watson en un cobertizo en el emplazamiento del actual Museo Nuevo de Cambridge. Las dos cadenas helicoidales están unidas entre sí mediante pares de bases nitrogenadas. Hay cuatro tipos de bases nitrogenadas: adenina, citosina, guanina y timina. Una adenina de una cadena siempre se combina con una timina de la otra cadena, y una guanina con una citosina. Por lo tanto, la secuencia de bases nitrogenadas de una cadena define una secuencia complementaria única de la otra cadena. Las dos cadenas pueden separarse y actuar cada una como plantillas para construir cadenas adicionales. Por lo tanto, las moléculas de ADN pueden reproducir la información genética codificada en sus secuencias de bases nitrogenadas. Fragmentos de la secuencia pueden ser utilizados para fabricar proteínas y otros productos químicos, que pueden llevar a cabo las instrucciones codificadas en la secuencia y ensamblar la materia prima para que el ADN se reproduzca.

Como he dicho, no sabemos cómo aparecieron las moléculas de ADN por primera vez. Como la probabilidad de que una molécula de ADN surja por fluctuaciones aleatorias es muy pequeña, algunas personas han sugerido que la vida llegó a la Tierra desde otro lugar, por ejemplo traída por rocas que se desprendieron de Marte mientras los planetas aún eran inestables, y que hay semillas de vida flotando por doquier en la galaxia. Sin embargo, parece poco probable que el ADN pueda sobrevivir mucho tiempo en la radiación del espacio.

Si la aparición de la vida en un planeta determinado es muy poco probable, se podría haber esperado que hubiera tardado en producirse lo más posible, compatible con el tiempo necesario para la evolución posterior hacia seres inteligentes, como nosotros, antes de que el Sol se dilate y engulla la Tierra. La ventana temporal en la que el inicio de la vida podría haber ocurrido es el tiempo de vida del Sol, eso es, alrededor de diez mil millones de años. Durante ese tiempo, una forma inteligente de vida podría llegar a dominar la técnica de los viajes espaciales y trasladarse a otra estrella. Pero si no consiguiera escapar, la vida en la Tierra estaría condenada al fracaso.

Hay evidencia fósil de que había alguna forma de vida en la Tierra hace unos tres mil quinientos millones de años, tan solo unos quinientos millones de años después de que la Tierra se volviera estable y se enfriara lo suficiente para que la vida pudiera desarrollarse. Pero en vez de eso la vida podría haber tardado siete mil millones de años en desarrollarse, y aún le habría quedado mucho tiempo para evolucionar a seres como nosotros, que pudieran preguntarse por el origen de la vida. Si la probabilidad de que la vida se desarrolle en un planeta dado es muy pequeña, ¿por qué sucedió en la Tierra en una decimocuarta parte del tiempo disponible?

La aparición temprana de la vida en la Tierra sugiere que hay buenas posibilidades de generación espontánea de vida en condiciones adecuadas. Tal vez hubo alguna forma anterior más simple de organización que construyó posteriormente el ADN. Una vez que apareció el ADN, hubiera resultado tan exitoso que pudo haber reemplazado por completo las formas de vida anteriores. No sabemos cuáles habrían sido tales formas, pero una posibilidad es el ARN.

El ARN es como el ADN, pero más simple y sin la estructura de doble hélice. Cadenas cortas de ARN podrían reproducirse como el ADN y al fin podrían acumularse en el ADN. No podemos producir estos ácidos nucleicos en el laboratorio a partir de material no vivo. Pero en quinientos millones de años y dada la inmensidad de los océanos que cubren la mayor parte de la Tierra, podría haber una probabilidad razonable de que el ARN se produjera por azar.

A medida que el ADN se fue reproduciendo a sí mismo, habría habido errores aleatorios, muchos de los cuales habrían sido dañinos y se habrían extinguido. Algunos habrían sido neutros y no habrían afectado la función del gen. Y algunos errores habrían sido favorables para la supervivencia de la especie y habrían sido elegidos por la selección natural darwiniana.

Al principio, el proceso de evolución biológica fue muy lento. Se tardó dos mil quinientos millones de años en evolucionar de las células más antiguas a organismos multicelulares. Sin embargo, se tardó menos de mil millones de años adicionales en evolucionar hasta los peces, y unos quinientos millones en evolucionar de los peces hasta los mamíferos. Pero luego la evolución parece haberse acelerado aún más. Solo se tardó unos cien millones de años en pasar desde los primeros mamíferos hasta nosotros. La razón es que los mamíferos primitivos ya contenían esencialmente la mayoría de nuestros órganos importantes. Todo lo que se requería para evolucionar desde los primeros mamíferos hasta los humanos fue un poco de ajuste fino.

Pero con la especie humana la evolución alcanzó una etapa crítica, comparable en importancia con el desarrollo del ADN: el desarrollo del lenguaje, y particularmente el lenguaje escrito, que significa que la información puede transmitirse de generación en generación de otra forma que genéticamente mediante el ADN. Ha habido algunos cambios detectables en el ADN humano, provocados por la evolución biológica, en los diez mil años de historia registrada, pero la cantidad de conocimiento transmitido de generación en generación ha crecido enormemente. Yo he escrito libros para contar algo de lo que he aprendido sobre el universo en mi larga carrera como científico, y al hacerlo estoy transfiriendo el conocimiento de mi cerebro a la página para que usted pueda leerlo.

El ADN en un óvulo o un espermatozoide humanos contiene aproximadamente tres mil millones de pares de bases nitrogenadas. Sin embargo, gran parte de la información codificada en esta secuencia parece ser redundante o estar inactiva. Entonces, la cantidad total de información útil en nuestros genes es probablemente algo así como cien millones de bits. Un bit de información es la respuesta a una pregunta de sí o no. Como una novela de bolsillo puede contener unos dos millones de bits de información, el ADN de un ser humano es equivalente a unos cincuenta libros de *Harry Potter* y una gran biblioteca nacional puede contener alrededor de cinco millones de libros, o aproximadamente diez mil millones de bits. La cantidad de información transmitida en libros o por Internet es unas cien mil veces mayor que en el ADN.

Aún más importante es el hecho de que la información en los libros se puede cambiar y actualizar mucho más rápidamente. Ha costado varios millones de años evolucionar desde los simios. Durante ese tiempo, la información útil en nuestro ADN probablemente ha cambiado solo en unos pocos millones de bits, por lo que la tasa de evolución biológica en humanos es aproximadamente un bit por año. En cambio, aparecen aproximadamente 50.000 nuevos libros publicados en inglés cada año, que contienen del orden de cien mil millones de bits de información. Por supuesto, la gran mayoría de esta información es basura y no sirve para ninguna forma de vida, pero aun así la velocidad con la que la información útil se puede agregar es de millones, incluso de miles de millones, más alta que con el ADN.

Esto significa que hemos entrado en una nueva fase de la evolución. Al principio, la evolución procedió por selección natural —a partir de mutaciones aleatorias—. Esta fase darwiniana duró aproximadamente tres mil quinientos millones de años y produjo seres que desarrollaron el lenguaje para intercambiar información. Pero en los últimos diez mil años, más o menos, hemos estado en lo que podría ser llamada una fase de transmisión externa. En esta etapa, el registro *interno* de información transmitido a las generaciones posteriores en el ADN ha cambiado un poco. Pero el registro *externo* —en libros y otras formas de almacenamiento de larga duración—, ha crecido enormemente.

Algunas personas usarían el término «evolución» solo para el material genético transmitido internamente y se opondrían a que se aplicara a la información transmitida externamente, pero creo que es una visión demasiado estrecha. Somos más que nuestros genes. Puede que no seamos inherentemente más fuertes o más inteligentes que nuestros antepasados cavernícolas, pero lo que nos distingue de ellos es el conocimiento que hemos acumulado durante los últimos diez mil años, y particularmente durante los últimos trescientos. Creo que es legítimo tener una visión más amplia, e incluir la información transmitida externamente, así como también la del ADN, en la evolución de la especie humana.

La escala de tiempo para la evolución, en el período de transmisión externa, es la escala de tiempo para la acumulación de información, que solía ser de cientos, o incluso de miles, de años. Pero ahora esa escala de tiempo se ha reducido a unos cincuenta años o menos. En cambio, los cerebros con que procesamos esa información han evolucionado en la escala de tiempo darwiniana, de cientos de miles de años. Esto comienza a causar problemas. En el siglo XVIII, se dijo que había un hombre que había leído todos los libros escritos. Pero actualmente, si leyera un libro por día, tardaría unos 15.000 años en leer los libros en una Biblioteca Nacional. Y en ese tiempo, se habrían escrito muchos más libros.

Esto significa que nadie puede dominar más que un pequeño rincón del conocimiento humano. Tene-

Si hay vida inteligente en algún otro lugar que en la Tierra, ¿será semejante a las formas que conocemos, o será diferente?

¿Hay vida inteligente en la Tierra? Pero, hablando en serio, si hay vida inteligente en algún otro lugar, debe ser a una distancia muy grande, ya que de otro modo ya hubieran visitado la Tierra. Y creo que sabríamos bien que la habían visitado: habría sido como en la película *Independence Day*.

mos que especializarnos en campos cada vez más estrechos. Es probable que eso sea una gran limitación en el futuro. Ciertamente no podemos continuar por mucho tiempo con la tasa de crecimiento exponencial del conocimiento que hemos tenido en los últimos trescientos años. Una limitación y un peligro aún mayores para las generaciones futuras son que todavía tenemos los instintos, y en particular los impulsos agresivos, que tuvimos en los días del hombre de las cavernas. La agresión, en la forma de subyugar o matar a otros hombres y tomar sus mujeres y su comida, ha tenido ventajas para la supervivencia hasta el momento presente, pero ahora podría destruir a toda la especie humana y gran parte del resto de la vida en la Tierra. Una guerra nuclear sigue siendo el peligro más inmediato, pero hay otros, como liberar un virus genéticamente modificado, o que el efecto invernadero se acelere.

No hay tiempo para esperar a que la evolución darwiniana nos haga más inteligentes y afables. Pero ahora estamos entrando en una nueva fase de lo que podríamos llamar evolución autodiseñada, en la que podremos cambiar y mejorar nuestro ADN. Ahora hemos mapeado el ADN, lo que significa que hemos leído «el libro de la vida» y podemos comenzar a escribir correcciones en él. Al principio, esos cambios se limitarán a la reparación de defectos genéticos, como la fibrosis quística y la distrofia muscular, que están controladas por un solo gen cada una, por lo que son bastante fáciles de identificar y corregir. Otras cualidades, como la inteligencia, probablemente estén controladas por un gran número de genes, y será mucho más difícil encontrarlos y resolver las relaciones entre ellos. Sin embargo, estoy seguro de que durante este siglo descubriremos cómo modificar tanto la inteligencia como los instintos, por ejemplo el de la agresividad.

Probablemente, se aprobarán leyes contra la ingeniería genética con humanos, pero algunas personas no podrán resistir la tentación de mejorar las características humanas, como el tamaño de la memoria, la resistencia a enfermedades y la duración de la vida. Una vez que aparezcan los superhumanos, surgirán problemas políticos importantes con los humanos no mejorados, que no podrán competir con ellos. Presumiblemente, morirán o perderán importancia. En cambio, habrá una carrera de seres autodiseñados, que se irán mejorando a un ritmo cada vez mayor.

Si la especie humana consigue rediseñarse a sí misma para reducir o eliminar el riesgo de destrucción suicida, probablemente se extenderá y colonizará otros planetas y estrellas. Sin embargo, los viajes espaciales a larga distancia serán difíciles para las formas de vida como nosotros, basadas en la química, en el ADN. La vida natural de tales seres es corta en comparación con el tiempo de viaje. Según la teoría de la relatividad, nada puede viajar más rápido que la luz, por lo que un viaje de ida y vuelta a la estrella más cercana tomaría al menos ocho años, y al centro de la galaxia unos cincuenta mil años. En la ciencia ficción, superan esta dificultad con curvaturas del espacio o viajando a través de dimensiones adicionales, pero no creo que esto llegue a ser posible, por muy inteligente que llegue a ser la vida. En la teoría de la relatividad, si se puede viajar más rápido que la luz, también se puede retroceder en el tiempo, y eso llevaría a problemas con la gente que regresa y cambia el pasado. También esperaríamos haber visto un gran número de turistas del futuro, movidos por la curiosidad de ver nuestras formas de vida pintorescas y pasadas de moda.

Tal vez sea posible utilizar la ingeniería genética para hacer que la vida basada en ADN sobreviva indefinidamente, o al menos cien mil años. Pero una manera más fácil, que ya casi está a nuestro alcance, sería enviar máquinas. Estas podrían diseñarse para durar mucho, lo suficiente para viajes interestelares. Cuando llegaran a una nueva estrella, podrían aterrizar en un lugar adecuado de un planeta y excavar minas para conseguir material para producir más máquinas, que podrían enviarse a más estrellas. Tales máquinas serían una nueva forma de vida, basada en componentes mecánicos y electrónicos, en lugar de en macromoléculas. Podrían llegar a reemplazar la vida basada en ADN, al igual que el ADN puede haber reemplazado una forma de vida anterior.

•

¿Cuáles son las posibilidades de que encontremos alguna forma de vida alienígena mientras exploramos la galaxia? Si el argumento sobre la escala de tiempo para la aparición de la vida en la Tierra es correcto, debería haber muchas otras estrellas cuyos planetas alberguen vida. Algunos de esos sistemas estelares podrían haberse formado cinco mil millones de años antes de la Tierra, entonces ¿por qué la galaxia no está repleta de formas de vida mecánicas o biológicas? ¿Por qué la Tierra no ha sido visitada e incluso colonizada? Por cierto, descarto las sugerencias de que los ovnis contengan seres del espacio exterior, ya que creo que cualquier visita de extraterrestres sería mucho más manifiesta y probablemente, también, mucho más desagradable.

Entonces, ¿por qué no nos han visitado? Tal vez la probabilidad de que la vida aparezca espontáneamente es tan baja que la Tierra es el único planeta en la galaxia —o en el universo observable— en el cual sucedió. Otra posibilidad es que la probabilidad de que se formaran sistemas capaces de autorreproducirse, como por ejemplo las células, fuera razonable pero que la mayoría de esas formas de vida no evolucionaran hasta la inteligencia. Estamos acostumbrados a pensar en la vida inteligente como una consecuencia inevitable de la evolución, pero ¿y si no lo es? El Principio Antrópico debería hacernos desconfiar de tales argumentos. Es más probable que la evolución sea un proceso aleatorio, con la inteligencia como una posibilidad entre muchos otros resultados posibles.

Ni siquiera está claro que la inteligencia tenga un valor de supervivencia a largo plazo. Las bacterias y otros organismos unicelulares podrían continuar viviendo aunque todas las otras formas de vida fueran eliminadas por nuestras actuaciones. Para la vida en la Tierra, la inteligencia tal vez fue un desarrollo poco probable, ya que en la cronología de la evolución se tardó mucho tiempo, dos mil quinientos millones de años, en pasar de seres unicelulares a seres multicelulares, que son un precursor necesario para la inteligencia. Como esa es una buena fracción del tiempo total disponible antes de que el Sol explote, sería consistente con la hipótesis de que la probabilidad de que la vida llegue a la inteligencia es baja. Si fuera así, quizás podríamos encontrar muchas otras formas de vida en la galaxia pero sería poco probable que encontráramos vida inteligente.

Otra razón por la cual la vida podría no alcanzar una etapa inteligente sería que un asteroide o un cometa chocaran con el planeta. En 1994, observamos cómo la colisión del cometa Shoemaker-Levi con Júpiter produjo una serie de bolas de fuego enormes. Se cree que la colisión de un cuerpo bastante más pequeño con la Tierra, hace unos sesenta y cinco millones de años, provocó la extinción de los dinosaurios. Algunos pequeños mamíferos primitivos sobrevivieron, pero cualquier organismo del tamaño de un ser humano habría sido aniquilado casi con seguridad. Es difícil decir cuán a menudo se producen tales colisiones pero una conjetura razonable podría ser cada veinte millones de años, en promedio. Si esta cifra es correcta, significaría que la vida inteligente en la Tierra se ha desarrollado gracias a que no haya habido colisiones importantes en los últimos millones de años. Es posible que otros planetas de la galaxia en los que se desarrolló la vida no hayan tenido un tiempo sin colisiones suficientemente largo para desarrollar seres inteligentes.

Una tercera posibilidad es que hay una probabilidad razonable de que la vida se forme y evolucione a seres inteligentes, pero que el sistema se vuelva inestable y la vida inteligente se destruya a sí misma. Esta sería una conclusión muy pesimista y espero sinceramente que no sea verdad.

Prefiero una cuarta posibilidad: que haya otras formas de vida inteligente, pero que hemos sido pasados por alto. En 2015 participé en el lanzamiento de la iniciativa Breakthrough-listen, que utiliza observaciones de ondas de radio para buscar vida inteligente extraterrestre y tiene instalaciones actualizadas, financiación generosa y miles de horas de observación reservadas en radiotelescopios. Se trata del mayor programa de investigación dedicado hasta ahora a buscar evidencias de civilizaciones más allá de la Tierra. Breakthrough Message es un concurso internacional para crear mensajes que puedan ser leídos por civilizaciones avanzadas. Pero debemos ser cautelosos de responder hasta que nos hayamos desarrollado un poco más. Un encuentro con una civilización más avanzada, en nuestra etapa actual, podría resultar un poco como cuando los habitantes originales de América conocieron a Colón (y no creo que pensaran que mejoraron con ello).

¿NOS SOBREPASARÁ LA INTELIGENCIA ARTIFICIAL?

La inteligencia es fundamental para lo que significa ser humano. Todo lo que la civilización tiene para ofrecer, es producto de la inteligencia humana.

El ADN transmite los planos de la vida entre generaciones. Formas de vida cada vez más complejas captan información mediante sensores como ojos y oídos y la procesan en cerebros u otros sistemas para descubrir cómo reaccionar y luego actuar sobre el mundo, generando información para los músculos, por ejemplo. En algún momento durante nuestros 13.800 millones de años de historia cósmica, algo hermoso sucedió. Este procesamiento de información devino tan inteligente que las formas de vida llegaron a ser conscientes. El universo ha despertado y ha tomado conciencia de sí mismo. Considero un triunfo que nosotros, que somos polvo de estrellas, hayamos llegado a un nivel tan detallado de comprensión del universo en que vivimos.

Creo que no hay diferencia significativa entre cómo funciona el cerebro de una lombriz y cómo computa un ordenador. También creo que la evolución implica que no puede haber diferencia cualitativa entre el cerebro de una lombriz de tierra y el de un humano. Por lo tanto, los ordenadores pueden, en principio, emular la inteligencia humana o incluso superarla. Es claramente posible que algo consiga adquirir una inteligencia superior a la de sus antepasados: evolucionamos para ser más inteligentes que nuestros simios antepasados, y Einstein era más inteligente que sus padres.

Si los ordenadores continúan siguiendo la ley de Moore, duplicando su velocidad y su capacidad de memoria cada dieciocho meses, el resultado será que los ordenadores probablemente adelantarán a los humanos en inteligencia en algún momento en los próximos cien años. Cuando una inteligencia artificial (IA) supere a los humanos en el diseño de más inteligencia artificial, de modo que pueda mejorarse recursivamente a sí misma sin ayuda humana, podemos enfrentarnos a una explosión de inteligencia que finalmente dé lugar a máquinas cuya inteligencia supere a la nuestra en más de lo que la nuestra supera a la de los caracoles. Cuando eso suceda, necesitaremos asegurarnos de que los ordenadores tengan objetivos compatibles con los nuestros. Resulta tentador descartar la noción de máquinas altamente inteligentes como mera ciencia ficción, pero esto sería un error, y potencialmente nuestro peor error.

Durante los últimos veinte años más o menos, la inteligencia artificial se ha centrado en los problemas relacionados con la construcción de agentes inteligentes, sistemas que perciben y actúan en algún entorno. En ese contexto, la inteligencia se relaciona con nociones estadísticas y económicas de racionalidad o, coloquialmente, con la capacidad de tomar buenas decisiones, planes o inferencias. Como resultado de este trabajo reciente, ha habido un alto grado de integración y fertilización cruzada entre inteligencia artificial, aprendizaje automático, estadística, teoría del control, neurociencia y otros campos. El establecimiento de marcos teóricos compartidos, combinado con la disponibilidad de datos y poder de procesamiento, ha producido éxitos notables en diversas tareas de componentes, tales como reconocimiento de voz, clasificación de imágenes, vehículos autónomos, traducción automática, locomoción articulada y sistemas de preguntas y respuestas.

A medida que el desarrollo en estas y otras áreas pase de la investigación de laboratorio a tecnologías económicamente valiosas, se producirá un círculo virtuoso en el que incluso pequeñas mejoras en rendimiento, valdrán grandes sumas de dinero, lo que provocará más y mayores inversiones en investigación. Ahora existe un amplio consenso en cuanto a que la investigación en inteligencia artificial está progresando de manera sostenida, y que su impacto en la sociedad es probable que aumente. Los beneficios potenciales son enormes; no podemos predecir qué podremos lograr cuando esta inteligencia se incremente con las herramientas que la inteligencia artificial puede proporcionar: la erradicación de enfermedades y de la pobreza se haría posible. Debido al gran potencial de la IA, es importante investigar cómo obtener sus beneficios, al tiempo que se evitan riesgos potenciales. El éxito en la creación de inteligencia artificial sería el mayor acontecimiento en la historia de la humanidad.

Por desgracia, también podría ser el último, a menos que aprendamos cómo conjurar sus riesgos. Usada como una herramienta, la inteligencia artificial podría aumentar nuestra inteligencia actual y abrir avances en cada área de la ciencia y la sociedad. Sin embargo, también conllevará peligros. Mientras que las formas primitivas de inteligencia artificial desarrolladas hasta ahora han demostrado ser muy útiles, temo las consecuencias de crear algo que pueda igualar o superar a los humanos. La preocupación estriba en que la inteligencia artificial se perfeccionaría y se rediseñaría a sí misma a un ritmo cada vez mayor. Los humanos, que estamos limitados por la lenta evolución biológica, no podríamos competir con ella y seríamos superados. Y en el futuro, la inteligencia artificial podría desarrollar una voluntad propia, en conflicto con la nuestra. Muchos creen que los humanos podremos controlar el ritmo de la tecnología durante un tiempo suficientemente largo, y que el potencial de inteligencia artificial para resolver muchos de los problemas del mundo se realizará. Aunque soy un reconocido optimista con respecto a la especie humana, yo no estoy tan seguro de ello.

A corto plazo, por ejemplo, los militares del mundo están considerando comenzar una carrera armamentista en sistemas autónomos de armas, que pueden elegir y eliminar sus propios objetivos. Mientras la ONU está debatiendo un tratado que prohíba tales armas, los defensores de las armas autónomas por lo general olvidan hacer la pregunta más importante: cuál es el probable punto final de una carrera de armamentos y si es deseable para la especie humana. ¿Realmente queremos armas baratas de inteligencia artificial para convertirlas en el Kalashnikov del mañana, vendidas a criminales y terroristas en el mercado negro? Dada la preocupación sobre nuestra capacidad de control a largo plazo de sistemas de IA cada vez más avanzados, ¿debemos armarlos y entregarles nuestra defensa? En 2010, sistemas de comercio informatizados crearon el mercado de valores Flash Crash. ¿Cómo sería un accidente provocado por un ordenador en el área de defensa? El mejor momento para detener la carrera de armamentos autónomos es ahora.

A medio plazo, la IA puede automatizar muchos trabajos y traer prosperidad e igualdad. Mirando hacia el futuro, no hay límites fundamentales para lo que se puede lograr. No hay ninguna ley física que impida que las partículas se organicen de maneras que hagan cálculos aún más avanzados que las disposiciones de partículas en los cerebros humanos. Es posible que la transición sea explosiva, aunque puede tomar una forma diferente que en las películas. Como advirtió el matemático Irving Good en 1965, las máquinas con inteligencia sobrehumana podrían mejorar repetidamente sus diseños aún más, activando lo que el escritor de ciencia ficción Vernor Vinge llamó una singularidad tecnológica. Se puede imaginar que una tecnología como esta consiga burlar a los mercados financieros, sobrepasar a los investigadores humanos, manipular a líderes humanos y someternos potencialmente con armas que ni siquiera podremos entender. Aunque el impacto a corto plazo de la IA depende de quién la controla, el impacto a largo plazo depende de si se puede controlar en absoluto.

En resumen, el advenimiento de la IA superinteligente sería lo mejor o lo peor que podría pasar en la historia de la humanidad. El riesgo real de la IA no es la maldad sino la competencia. Una IA superinteligente será extremadamente buena en el logro de sus objetivos, y si esos objetivos no van en la dirección de los nuestros tendremos problemas. Probablemente no sea usted un malvado que odia a las hormigas y que las pisa por pura maldad, pero si está a cargo de un proyecto de energía verde hidroeléctrica y hay un hormiguero en la región a ser inundada, eso será muy malo para las hormigas. No pongamos a la humanidad en la posición de esas hormigas. Debemos planificar por adelantado. Si una civilización alienígena superior nos enviara un mensaje diciendo: «Llegaremos en unas pocas décadas», ¿podríamos responder: «OK, llámenos cuando llegue; dejaremos las luces encendidas»? Probablemente no, pero esto es más o menos lo que ha sucedido con la inteligencia artificial. Se ha dedicado poca investigación seria a estos temas, aparte de algunos pequeños institutos sin finalidad de lucro.

Afortunadamente, esto ahora está cambiando. Los pioneros de la tecnología Bill Gates, Elon Musk y Steve Wozniak se han hecho eco de mis preocupaciones, y una cultura saludable de evaluación de riesgos y conciencia de las implicaciones sociales está comenzando a echar raíces en la comunidad de la IA. En enero de 2015, junto con el empresario tecnológico Elon Musk y muchos otros expertos en inteligencia artificial, firmé una carta abierta que exige una investigación seria sobre su impacto en la sociedad. Elon Musk había ya advertido de que es posible que una inteligencia artificial sobrehumana proporcione incalculables beneficios, pero también de que si se despliega incautamente tendrá un efecto adverso para la especie humana. Él y yo formamos parte de la junta asesora científica del Future of Life Institute, una organización que trabaja para mitigar los riesgos existenciales con que se enfrenta la humanidad y que redactó la citada carta abierta. Esto requirió una investigación concreta sobre cómo podríamos prevenir problemas potenciales, a la vez que cosechamos los beneficios potenciales que la IA nos ofrece, y está pensado para lograr que los investigadores y desarrolladores en IA presten más atención a la seguridad de la IA. Además, para los formuladores de políticas y para el público en general, la carta pretendía ser informativa pero no alarmista. Creemos que es muy importante que todo el mundo sepa que los investigadores de IA están pensando seriamente en estas preocupaciones y problemas éticos. Por ejemplo, la IA tiene el potencial de erradicar enfermedades y pobreza, pero los investigadores deben trabajar para crear IA que pueda controlarse.

En octubre de 2016, abrí un nuevo centro en Cambridge, Inglaterra, que intentará abordar algunas de las preguntas abiertas planteadas por el rápido ritmo de desarrollo de la investigación en IA. El Centro Leverhulme para el Futuro de la Inteligencia es un instituto multidisciplinario dedicado a investigar el futuro de la inteligencia, tan crucial para el futuro de nuestra civilización y nuestra especie. Pasamos mucho tiempo estudiando historia que, seamos sinceros, es sobre todo la historia de la estupidez. Así pues, es un cambio bienvenido que la gente esté estudiando, en lugar de eso, el futuro de la inteligencia. Somos conscientes de los peligros potenciales, pero tal vez con las herramientas de esa nueva revolución tecnológica podremos deshacer parte de los daños causados al mundo natural por la industrialización.

Los avances recientes en inteligencia artificial han suscitado un llamamiento al Parlamento Europeo para que redacte un conjunto de regulaciones que rijan la creación de robots e IA. Algo sorprendente, esto incluye una forma de personalidad electrónica, con objeto de garantizar los derechos y responsabilidades para la IA más capaz y avanzada. Un portavoz del Parlamento Europeo ha comentado que a medida que aumenta el número de áreas en la vida cotidiana afectadas por robots, debemos asegurarnos de que los robots estén, y permanezcan, al servicio de los humanos. Un informe presentado a los diputados del Parlamento Europeo declara que el mundo está en la cumbre de una nueva revolución de robots industriales. Examina si sería o no permisible proporcionar derechos legales a los robots como personas electrónicas, en paralelo a la definición legal de personalidad corporativa, pero subraya que en todo momento los investigadores y diseñadores deberían garantizar que todo diseño robótico incorpore un interruptor de muerte.

Esto no ayudó a los científicos a bordo de la nave espacial con Hal, el robot computarizado que funciona mal en la película *2001. Una odisea del espacio,* de Stanley Kubrick, pero aquello era ficción. Ahora nos ocupamos de hechos reales. Lorna Brazell, socia del bufete de abogados multinacional Osborne Clarke, dice en el informe que no hemos otorgado personalidad jurídica a las ballenas ni a los gorilas, por lo cual no hay necesidad de saltar a la personalidad robótica. Pero conviene una cierta cautela: el informe reconoce la posibilidad de que, en unas pocas décadas, la IA podría superar la capacidad intelectual humana y desafiar la relación humano-robot.

Para 2025, habrá alrededor de treinta megaciudades, cada una con más de diez millones de habitantes. Con toda esa gente reclamando que se les entregue bienes y servicios cada vez que los quieran, ¿podrá ayudarnos la tecnología a seguir el ritmo de nuestro anhelo de comercio instantáneo? Los robots definitivamente acelerarán el proceso minorista en línea, pero para revolucionar realmente las compras deben ser lo suficientemente rápidos para permitir la entrega en el mismo día del pedido.

Las oportunidades para interactuar con el mundo sin tener que estar físicamente presente están aumentando rápidamente. Como se puede imaginar, me parece atractivo, sobre todo porque la vida urbana está tan ocupada para todos. ¿Cuántas veces hemos deseado tener un doble que pudiera compartir nuestra carga de trabajo? Crear sustitutos digitales realistas de nosotros mismos es un sueño ambicioso, y la última tecnología sugiere que quizás no sea una idea tan descabellada como parece.

Cuando era más joven, el auge de la tecnología apuntaba a un futuro en el que todos disfrutaríamos de más tiempo libre pero, de hecho, cuanto más podemos hacer más atareados estamos. Nuestras ciudades ya están llenas de máquinas que amplían nuestras capacidades, pero ¿y si pudiéramos estar en dos lugares al mismo tiempo? Estamos acostumbrados a voces automatizadas en sistemas telefónicos y anuncios públicos. Ahora, el inventor Daniel Kraft está investigando cómo podemos replicarnos visualmente. La pregunta es: ¿hasta qué punto puede llegar a resultar convincente un avatar?

Los tutores interactivos podrían ser útiles para cursos masivos abiertos en línea (MOOC) y para el entretenimiento, y podría ser realmente emocionante. Actores digitales que serían siempre jóvenes y capaces de realizar hazañas imposibles. Nuestros futuros ídolos quizás ni siquiera sean reales.

De qué manera nos conectamos con el mundo digital es clave para el progreso que haremos en el futuro. En las ciudades más inteligentes, las casas más inteligentes estarán equipadas con dispositivos intuitivos; casi no requerirá esfuerzo interactuar con ellos.

Cuando se inventó la máquina de escribir, se liberó la forma en que interactuamos con las máquinas. Casi ciento cincuenta años después, las pantallas táctiles han desbloqueado nuevas formas de comunicarse con el mundo digital. Hitos recientes de la IA, como automóviles autónomos, o una computadora capaz de ganar en el juego de Go, son signos de lo que está por venir. Se están dedicando enormes niveles de inversión a esta tecnología, que ya forma una parte importante de nuestras vidas. En las décadas venideras, impregnará todos los aspectos de nuestra sociedad, apoyándonos y aconsejándonos de manera inteligente en muchas áreas, incluyendo cuidado de la salud, trabajo, educación y ciencia. Los logros que hemos visto hasta ahora seguramente palidecerán en comparación con lo que traerán las próximas décadas, y no podemos predecir lo que podremos lograr cuando nuestras propias mentes se amplifiquen por IA.

Quizás con las herramientas de esta nueva revolución tecnológica podremos mejorar la vida humana.

Por ejemplo, los investigadores están desarrollando IA que ayudaría a revertir la parálisis en personas con lesiones de la médula espinal. Mediante el uso de implantes de chips de silicio e interfaces electrónicas inalámbricas entre el cerebro y el cuerpo, la tecnología permite a las personas controlar sus movimientos corporales con sus pensamientos.

Creo que el futuro de la comunicación son las interfaces cerebro-ordenador. Las hay de dos tipos: electrodos en el cráneo e implantes. Lo primero es como mirar a través de un vidrio esmerilado; lo segundo es mejor, pero se corre el riesgo de infección. Si podemos conectar un cerebro humano a Internet le permitirá tener toda la Wikipedia entre sus recursos.

El mundo ha ido cambiando cada vez más rápido a medida que las personas, los dispositivos y la información han ido estando más conectados entre sí. El poder computacional está creciendo y la informática cuántica se está desarrollando rápidamente. Esto revolucionará la inteligencia artificial con velocidades exponencialmente más rápidas y con encriptaciones más eficaces. Los ordenadores cuánticos lo cambiarán todo, incluso la biología humana. Ya existe una técnica para editar con precisión el ADN, es el llamado CRISPR. La base de esta tecnología de edición del genoma es un sistema de defensa de las bacterias. La mejor intención de la manipulación genética es que la modificación de los genes permita a los científicos tratar las causas genéticas de enfermedades mediante la corrección de mutaciones en los genes. Hay, sin embargo, posibilidades menos nobles de manipular el ADN. Cuán lejos se pueda llegar con la ingeniería genética se convertirá en una cuestión cada vez más urgente. No podemos ver las posibilidades de curar las enfermedades de las neuronas motoras, como mi ELA, sin vislumbrar sus peligros.

La inteligencia se caracteriza por la capacidad de adaptarse a los cambios. La inteligencia humana es el resultado de muchas generaciones de selección natural, de aquellos con la capacidad de adaptarse a circunstancias cambiantes. No debemos temer el cambio. Tenemos que hacer que funcione a nuestro favor.

Todos tenemos un papel que desempeñar para asegurarnos de que nosotros, y la próxima generación, no solo tengamos la oportunidad sino también la determinación de participar plenamente en el estudio de la ciencia desde una edad temprana, para poder continuar desarrollando nuestro potencial y creando un mundo mejor para el conjunto de la especie humana. Necesitamos llevar el aprendizaje más allá de una discusión teórica sobre cómo debería ser la IA y tomar medidas para asegurarnos de que sea tal como debe ser. Todos tenemos el potencial de ampliar los límites de lo que se acepta o se espera, y de pensar a lo grande.

¿Por qué está tan preocupado por la inteligencia artificial? ¿Los humanos no seremos siempre capaces de desconectarla?

Preguntaron a un ordenador: «¿Existe algún Dios?». Y el ordenador dijo: «Ya hay uno». Y fundió los plomos.

Nos hallamos en el umbral de un mundo nuevo y prometedor. Es un lugar excitante, aunque precario, y nosotros somos los pioneros.

Cuando inventamos el fuego, nos equivocamos repetidamente y luego inventamos el extintor. Pero con tecnologías más poderosas como por ejemplo armas nucleares, biología sintética e inteligencia artificial fuerte, deberíamos planificar el futuro y tratar de hacer las cosas bien a la primera, porque puede ser la única oportunidad que tengamos. Nuestro futuro es una carrera entre el poder creciente de nuestra tecnología y la sabiduría con que la usemos. Asegurémonos de que gane la sabiduría.

Descubre la biblioteca Stephen Hawking:

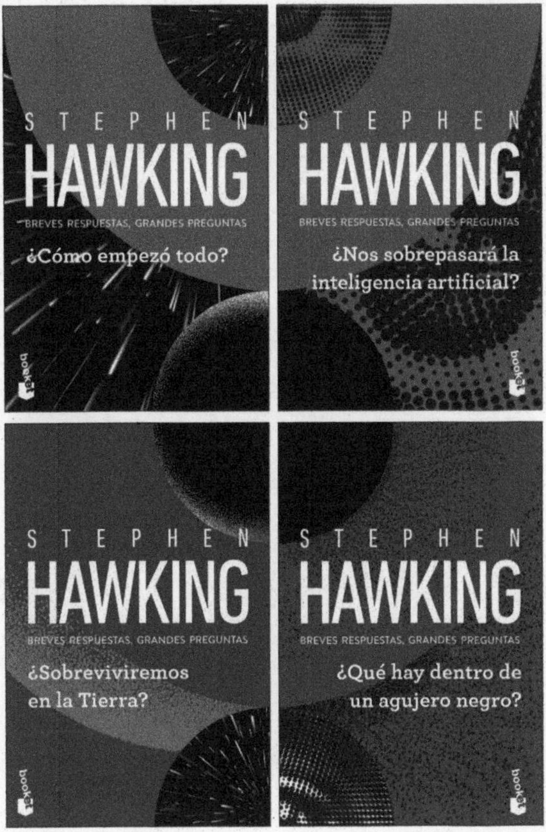